Compliments of:
THE CHILDS WORLD
Nullmeyer & Assocciates
Steve Nullmeyer-Representative
(714) 993-4702 Fax (714)998-6893

D1791589

ser como caerse en el Gran Cañón —¡y esa es una buena caída!

Los glaciares varían mucho en tamaño. Los glaciares de montaña comienzan como zonas nevadas en la cima de las montañas. Se arrastran hacia abajo hasta que el hielo alcanza climas más cálidos y se derrite. Un casquete polar es un glaciar de montaña que ha crecido lo suficiente como para cubrir la cima de la montaña —al igual que un sombrero cubre tu cabeza. Aunque un casquete polar no serviría para mantener tus orejas calentitas, ¿no?

Los glaciares más grandes se llaman heleros. Estos pueden cubrir cadenas montañosas enteras, dejando sólo los picos más altos libres de hielo. Aproximadamente 15.000 años atrás, durante el último período glaciar, los heleros cubrieron gran parte de Norteamérica y Asia. Canadá y el norte de los

Estados Unidos estaban enterrados profundamente bajo el hielo. Gradualmente, el clima de la Tierra se fue calentando y los heleros se derritieron. Hoy en día, los heleros existen solamente en la Antártida y en Groenlandia —¡pero éstos tienen más hielo que todos los demás glaciares juntos!

Los glaciares, los casquetes polares e incluso los heleros siempre están cambiando de tamaño. Cuando las temperaturas son frías y las nieves son pesadas, los glaciares crecen. Los ríos de hielo se tornan más pesados, más gruesos y más largos. Pero cuando las temperaturas están por encima del punto de congelación o cae poca nieve, los glaciares se encogen gradualmente. El hielo se derrite y el agua que fluye esculpe una red de túneles y cuevas. Si las temperaturas se mantienen cálidas durante muchos años, el glaciar puede

desaparecer completamente —como los heleros que una vez cubrieron Norteamérica y Asia.

Cuando un glaciar se derrite, deja evidencia de su anterior fuerza. En algunos lugares, las piedras grandes arrastradas por el hielo en movimiento dejan raspaduras profundas en la tierra. En otros lugares, el hielo y el limo glaciar pulen las rocas subyacentes, produciendo lechos de piedra suaves y redondeados. La morrena que transporta el glaciar se suelta al derretirse el hielo, dejando pilas de rocas, tierra y piedras. También queda el limo glaciar fino, que produce tierras ricas y fértiles como las que componen las praderas agrícolas de Iowa y Minnesota.

Los glaciares también cavan valles enormes, algunas veces dejando lagos de hielo derretido para llenarlos. El valle tallado por el glaciar es distinto de aquél tallado por un río. Los valles de los ríos tienen la forma de una V, mientras que los valles de los glaciares tienen la forma de una U. A menudo, valles más pequeños cuelgan a grandes alturas sobre los lechos de los grandes valles de los glaciares. A veces caen panorámicas cataratas, como las del Parque Nacional Yosemite, de estos valles colgantes.

Alguna de la evidencia que dejan los glaciares es mucho más impresionante que los lechos de piedras raspados, el limo glaciar o incluso los valles colgantes. Cuando un glaciar activo yace sobre el pico de una montaña, este lentamente desprende trozos de la montaña. A lo largo de cientos de años, puede tallar lentamente un gran hueco en forma de tazón llamado circo. Si tres o cuatro glaciares rodean un solo pico, todos ellos van

cercenando la montaña desde diferentes costados. El resultado es un pico empinado y aserrado llamado cuerno. Uno de los más famosos ejemplos es el Matterhorn de Suiza.

Las caletas costeras de laderas empinadas llamadas fiordos constituyen otra creación importante de los glaciares. Los fiordos se crearon años y años atrás por los glaciares que fluyeron hacia el mar. Cuando los glaciares con el tiempo retrocedieron, el agua del mar llenó los profundos valles que quedaron atrás. Algunos de los fiordos más hermosos están en Noruega y en Alaska. ¡El Fiordo Noroeste en la costa oriental de Groenlandia tiene 312 kilómetros de largo!

Incluso hoy en día, existen muchos lugares en los que los glaciares están en contacto con el mar. En Alaska y Canadá, cientos de glaciares fluyen hacia el océano. Los heleros de la Antártida y Groenlandia fluyen sobre el agua, creando una plataforma de hielo gruesa. Periódicamente, gigantescas placas de hielo se desprenden y caen en el mar, produciendo los icebergs.

Al igual que los glaciares, los icebergs existen solamente donde las temperaturas son extremadamente frías. Sólo son comunes en el océano Antártico y en las regiones del norte de los océanos Pacífico y Atlántico. Aunque el agua salada del océano no es potable, la gente que viaja por los océanos puede tomar el agua dulce que se derrite de los icebergs. ¡Algún día, los expertos pueden llegar a encontrar la manera de usar los icebergs como fuente de agua para las regiones secas!

Los icebergs vienen en distintos tamaños y formas. Los icebergs recién formados pueden ser tan altos como un rascacielos y

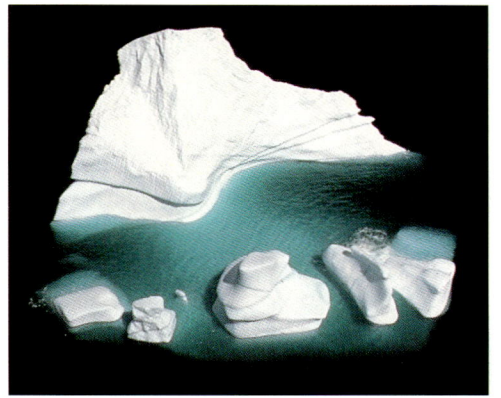

GLACIARES E ICEBERGS

JENNY MARKERT

THE CHILD'S WORLD

DISEÑO
Michael George

INVESTIGACIÓN FOTOGRÁFÍCA
Charles Rotter/Archipelago Productions

FOTOGRAFÍA
COMSTOCK/Sharon Chester
Ralph Clevenger
E. R. Degginger
Jeff Foott
George Herben
COMSTOCK/Russ Kinne
Lon E. Lauber
Tom & Pat Leeson
Joe McDonald

Copyright del texto © 1993, por The Child's World, Inc.
Todos los derechos reservados. Queda prohibida la reproduccióno utilización, total o parcial o por cualquier medio, de este libro sin el consentimiento por escrito del editor.
Impreso en los Estados Unidos de América.

ISBN 1-56766-034-7

Los datos de la ficha bibliográfica en la biblioteca de congresos están disponibles a petición del interesado.

Distribuido a colegios y bibliotecas de los EE.UU. por
ENCYCLOPAEDIA BRITANNICA EDUCATIONAL CORP.
310 South Michigan Avenue
Chicago, Illinois 60604

tener cientos de kilómetros de ancho —¡más como islas que como pedazos de hielo! Algunos tienen cimas chatas y otros tienen picos puntiagudos. Los icebergs pueden ser ásperos y aserrados o suaves y pulidos. Algunos icebergs tienen vetas azules que corren a través de los mismos, y que son causadas por el agua dulce que se congela a medida que fluye por el glaciar. Independientemente de su tamaño, todos los icebergs eventualmente desaparecen a medida que el agua de mar cálida baña los costados y el sol los derrite desde arriba.

Aunque son hermosos, los icebergs pueden ser muy peligrosos para los barcos que viajan por los océanos. ¡Un barco puede hundirse muy rápidamente si choca contra un iceberg! El accidente más famoso entre un barco y un iceberg fue el del transatlántico

Titanic. En 1912, el Titanic chocó contra un iceberg y se hundió al fondo del océano Atlántico, resultando en la muerte de más de 1.500 personas.

¿Cómo puede un transatlántico enorme chocar contra un iceberg? ¡Después de todo, uno pensaría que un iceberg lo suficientemente grande como para hundir un barco debería verse fácilmente! De hecho, no es así. La próxima vez que tomes un vaso de agua con hielo, observa un cubito de hielo. La mayor parte del cubito de hielo yace bajo la superficie del agua. Lo mismo ocurre con un iceberg —sólo una pequeña parte es visible sobre la superficie. Por esta razón, un buen capitán sabe maniobrar bien para eludir los icebergs. Pero algunas veces es imposible evitarlos —después de todo, pueden tener un ancho de cientos de kilómetros.

Como ya sabes, los icebergs y los glaciares tienen sus beneficios al igual que sus peligros. Ocupan un lugar crucial en el delicado equilibrio de nuestro planeta. La próxima vez que nieve, recuerda que un solo copo de nieve es muy frágil —¡pero que combinado con billones de otros copos de nieve, puede convertirse en una verdadera fuerza potente!

Los Libros Visión son un nuevo concepto de publicación para nuestro mundo multilingüe. Cada Libro Visión puede imprimirse en cualquier idioma. Para más información, llame a Encyclopaedia Britannica Educational Corporation al número 1-800-554-9862.